Inhaltsverzeichnis

Seite

Vorwort 5
Marienkäfer 6
Schultüten 7
Fässer und Säcke 8
Tassen und Teller 9
Zähle nur zusammen 10
Ziehe auch ab 11
Rechnen mit Obst 12
Rechnen mit Tieren 13
Dackel Waldi 14
Elefant Poldi 15
Vier Wörter 16
Drei Wörter 17
Grüne Fische und rote Fische 18
Blaue Fische und gelbe Fische 19
Viele Ergebnisse 20
Viele Zeichen 21
Vier Brüder 22
Vier Jungen 23
Acht Buchstaben 24
Ein Wort 25
Zahlenfresser Emil 26
Zahlenfresser Paul 27
Farbige Autos 28
Bunte Stifte 29
Kampf um einen Apfel 30
Feuerwehr im Einsatz 31
Hausnummern 32
Hotelzimmer 33
Geschenke zu Weihnachten 34

Inhaltsverzeichnis Seite

Geschenke zu Ostern 35
Treppauf und treppab 36
Vorwärts und rückwärts 37
Quadrat und Rechteck 38
Rechteck und Quadrat 39
Kinder und Erwachsene 40
Jungen und Mädchen 41
Rechnen mit Cent 42
Rechnen mit Euro 43
Jungen spielen Fußball 44
Mädchen spielen Handball 45
Viele Tiere 46
Viele Früchte 47
Farbige Autos 48
Farbige Bälle 49
Jede würfelt dreimal 50
Jeder würfelt viermal 51
Falsche Rechnung mit Einern 52
Falsche Rechnung mit Zehnern 53
Zahlenwege 54
Zahlenstraßen 55
Seifenblasen 56
Bilderreihen 57
Sichtbare Augen 58
Unsichtbare Augen 59
Schwieriger Weg 60
Zehn Werkzeuge 61
Sonnen 62
Blumen 63
Drachen steigen lassen 64

Ein mal Eins ist immer Eins

Mathematische Denkaufgaben
für das 1. Grundschuljahr

bearbeitet von
Hermann-Dietrich Hornschuh

illustriert von
Elisabeth Lottermoser

Mildenberger Verlag

Das Werk besteht aus zwei Teilen:
Ein mal Eins ist immer Eins
- Aufgabenheft, Bestell-Nr. 150-11
- Lösungsheft, Bestell-Nr. 150-111

Besonderer Dank gilt meiner Frau für ihre sorgfältige Mitarbeit.

Bestell-Nr. 150-11 · ISBN 3-619-01511-2
ISBN 978-3-619-01511-5 (ab 01.01.2007)

www.mildenberger-verlag.de
E-Mail: info@mildenberger-verlag.de

Auflage	Druck	4	3	2	1
Jahr		2009	2008	2007	2006

Druck: VVA GmbH / Wesel Kommunikation, 76534 Baden-Baden
Gedruckt auf umweltfreundlichen Papieren

Vorwort

Liebe Schülerin, lieber Schüler!

In dieser Sammlung findest du Textaufgaben für das 1. Grundschuljahr. Mit diesen Aufgaben kannst du das Zusammenzählen (Addieren), Abziehen (Subtrahieren), Verdoppeln und Halbieren mit Zahlen bis 100 wiederholen, üben und vertiefen. Vor allem aber kannst du mit ihnen das Denken trainieren.

Dazu gibt es ein Heft, in dem du alle Ergebnisse und sämtliche Lösungswege findest (Bestell-Nr. 150-111).

Zu fast allen Textaufgaben gehört ein Antwortsatz. Damit du lernst, diese zu formulieren, sind alle Antworten bereits so vorgegeben, dass du nur noch deine errechneten Ergebnisse eintragen musst.

Die vielen Illustrationen erleichtern dir nicht nur das Verständnis, sondern auch das Lösen dieser interessanten Aufgaben.

Wenn du eine bestimmte Aufgabe lösen willst, brauchst du natürlich nicht alle vorherigen Aufgaben zu lösen. Jede Aufgabe ist für sich lösbar. Immer zwei nebeneinander stehende Aufgaben sind ähnlich, aber nicht gleich.

Viele Aufgaben haben eine bestimmte Lebenssituation zur Grundlage, durch die du vor allem praktische Sachverhalte erkennen lernst.

Wie kannst du solche Textaufgaben lösen?

- Die erste Frage, die zu beantworten ist, lautet:
  Was ist gegeben?
- Die zweite Frage, die zu beantworten ist, lautet:
  Was ist gesucht?
- Die dritte Frage, die zu beantworten ist, lautet:
  Wie wird gerechnet?
- Die letzte Frage, die zu beantworten ist, lautet:
  Wie wird der Antwortsatz geschrieben?

Wenn du sorgfältig arbeitest, wirst du bald gelernt haben, Textaufgaben selbstständig zu lösen. Brauchst du fremde Hilfe, dann werden dir deine Lehrerinnen oder Lehrer bestimmt mit Rat und Tat zur Seite stehen.

Viel Erfolg beim Lösen dieser Textaufgaben wünschen dir der Autor und der Verlag.

Aufgabe 1

Marienkäfer

Bei jedem Marienkäfer steht ein Buchstabe.
Die 4 Buchstaben der gleichen Marienkäfer ergeben ein Wort.
Beginne bei dem Marienkäfer oben links. Die Farben helfen dir.
Schreibe die gefundenen Buchstaben in die Felder unten.

Wie heißen die drei Lösungswörter?

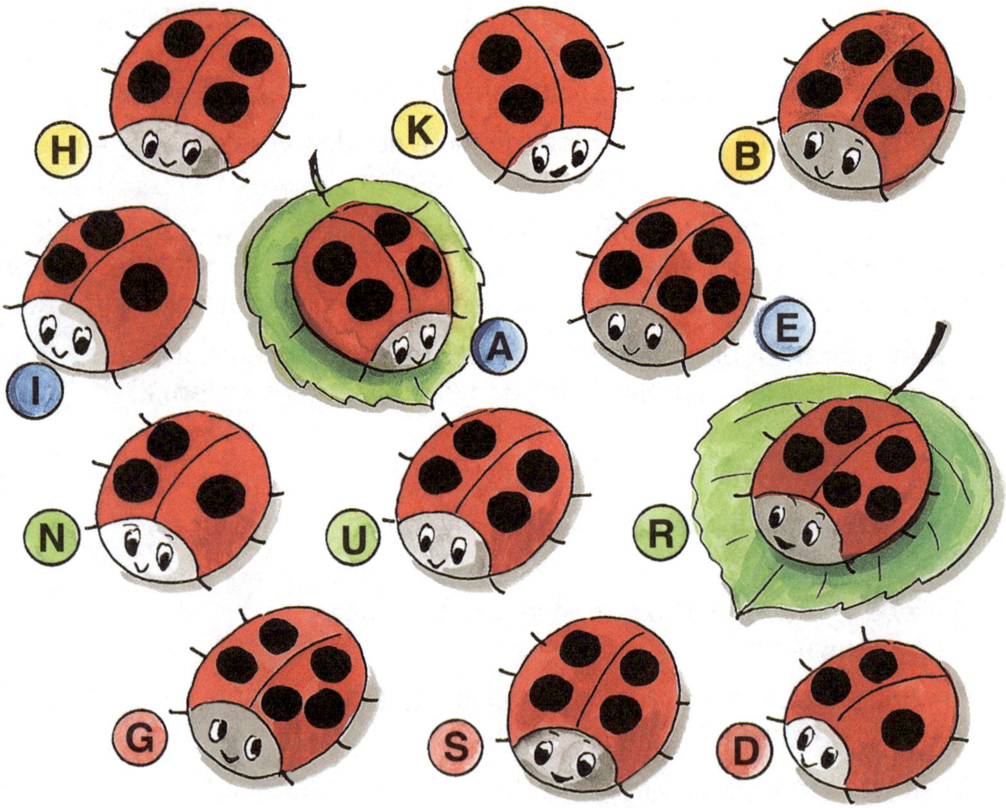

Antwort

Das erste Lösungswort heißt ____ .

Das zweite Lösungswort heißt ____ .

Das dritte Lösungswort heißt ____ .

Aufgabe 2

Schultüten

Bei jeder Schultüte steht ein Buchstabe.
Die 6 Buchstaben der gleichen Schultüten ergeben ein Wort.
Beginne bei der Schultüte oben links. Die Farben helfen dir.
Schreibe die gefundenen Buchstaben in die Felder unten.

Wie heißen die zwei Lösungswörter?

Antwort

Das erste Lösungswort heißt ______ .

Das zweite Lösungswort heißt ______ .

Fässer und Säcke

Auf den Waagen sind Fässer, Kisten und Säcke.
Die Kiste auf der linken Seite ist so schwer wie die acht Säcke auf der rechten Seite.

Die Kiste auf der linken Seite ist so schwer wie die vier Fässer auf der rechten Seite.

Die acht Säcke auf der linken Seite sind so schwer wie die vier Fässer auf der rechten Seite.

Wie viele Säcke sind so schwer wie zwei Fässer? Alle Säcke sind gleich schwer. Alle Fässer sind gleich schwer.

Antwort

Zwei Fässer sind so schwer wie ______ Säcke.

Aufgabe 4

Tassen und Teller

Auf den Waagen sind Schüsseln, Tassen und Teller.
Die Schüssel auf der linken Seite ist so schwer wie die zwei Teller auf der rechten Seite.

Die Schüssel auf der linken Seite ist so schwer wie die vier Tassen auf der rechten Seite.

Die zwei Teller auf der linken Seite sind so schwer wie die vier Tassen auf der rechten Seite.

Wie viele Teller sind so schwer wie acht Tassen? Alle Teller sind gleich schwer. Alle Tassen sind gleich schwer.

Antwort

Acht Tassen sind so schwer wie ______ Teller.

Aufgabe 5

Zähle nur zusammen

Ersetze die Buchstaben durch Zahlen. Jede Rechnung von links nach rechts und jede Rechnung von oben nach unten muss stimmen. Beginne mit der ersten Zeile.

A	+	1	=	2
+		+		+
B	+	C	=	4
=		=		=
D	+	4	=	E

Antwort

	+	1	=	2
+		+		+
	+		=	4
=		=		=
	+	4	=	

Aufgabe 6

Ziehe auch ab

Ersetze die Buchstaben durch Zahlen. Jede Rechnung von links nach rechts und jede Rechnung von oben nach unten muss stimmen. Beginne mit der ersten Zeile.

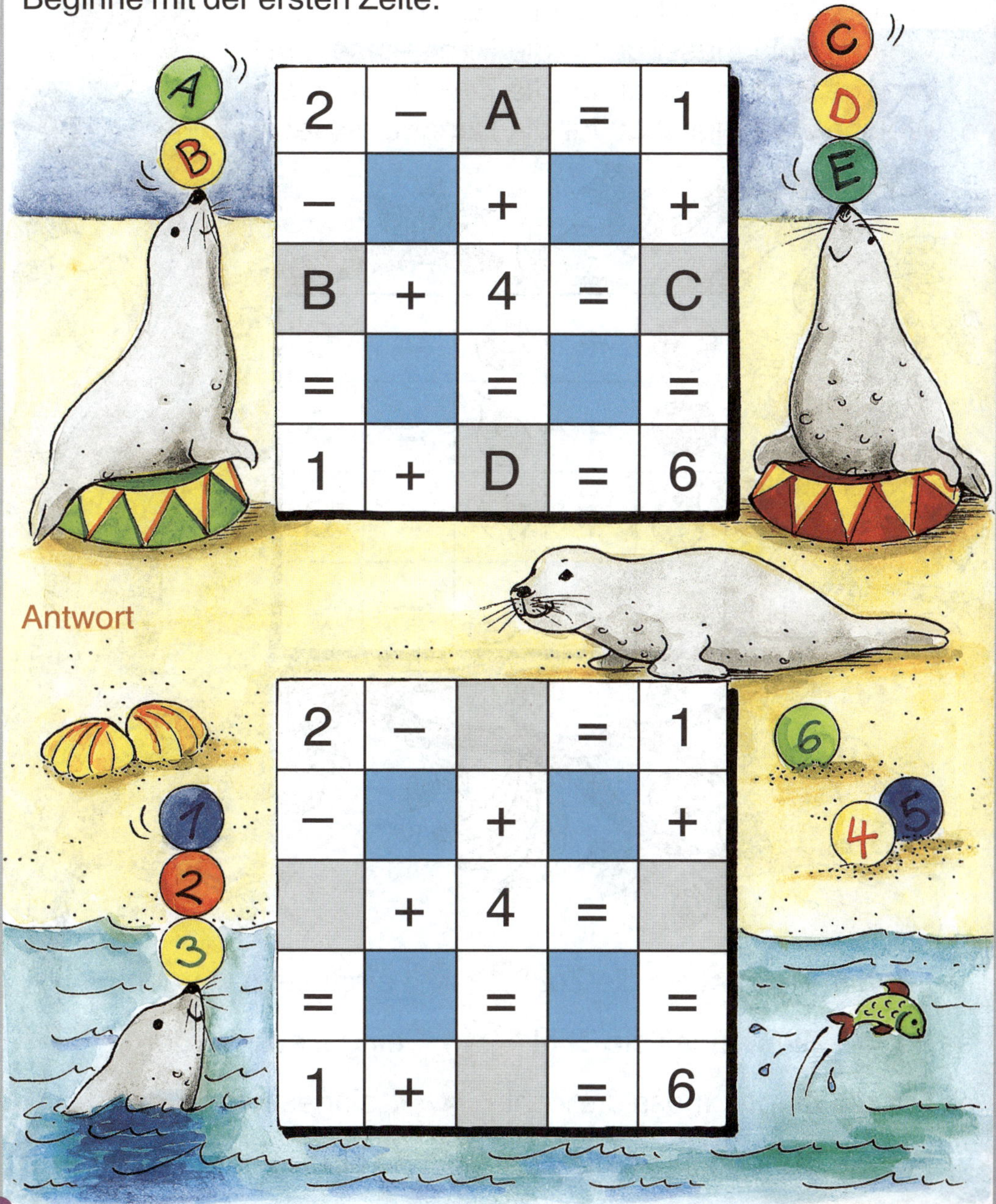

2	–	A	=	1
–		+		+
B	+	4	=	C
=		=		=
1	+	D	=	6

Antwort

2	–		=	1
–		+		+
	+	4	=	
=		=		=
1	+		=	6

Aufgabe 7

Rechnen mit Obst

Ersetze den Apfel, die Banane, die Birne und die Zitrone durch die richtigen Zahlen.

a) Welche Zahl musst du für den Apfel einsetzen?
b) Welche Zahl musst du für die Birne einsetzen?
c) Welche Zahl musst du für die Zitrone einsetzen?
d) Welche Zahl musst du für die Banane einsetzen?

Antwort

a) Für den Apfel muss die Zahl ______ eingesetzt werden.

b) Für die Birne muss die Zahl ______ eingesetzt werden.

c) Für die Zitrone muss die Zahl ______ eingesetzt werden.

d) Für die Banane muss die Zahl ______ eingesetzt werden.

Aufgabe 8

Rechnen mit Tieren

Ersetze den Hund, die Katze, die Maus und das Pferd durch die richtigen Zahlen.

a) Welche Zahl musst du für den Hund einsetzen?
b) Welche Zahl musst du für die Katze einsetzen?
c) Welche Zahl musst du für die Maus einsetzen?
d) Welche Zahl musst du für das Pferd einsetzen?

Antwort

a) Für den Hund muss die Zahl ______ eingesetzt werden.

b) Für die Katze muss die Zahl ______ eingesetzt werden.

c) Für die Maus muss die Zahl ______ eingesetzt werden.

d) Für das Pferd muss die Zahl ______ eingesetzt werden.

Aufgabe 9

Dackel Waldi

Dackel Waldi will zum Forsthaus.
Es führt nur ein einziger Weg dorthin.

Wie muss Waldi laufen, um zum Forsthaus zu gelangen?
Zeichne den Weg ein.

Aufgabe 10

Elefant Poldi

Elefant Poldi will zur Wasserstelle.
Wähle den kürzesten Weg dorthin.

Wie muss Poldi laufen, um zur Wasserstelle zu gelangen?
Zeichne den Weg ein.

Aufgabe 11

Vier Wörter

Die 16 Buchstaben ergeben einen Satz mit vier Wörtern.
Beginne mit dem Buchstaben „I“ links oben.

Gehe so:

1. 2 Felder nach rechts
2. 3 Felder nach unten
3. 2 Felder nach links
4. 2 Felder nach oben
5. 3 Felder nach rechts
6. 2 Felder nach unten
7. 2 Felder nach links
8. 3 Felder nach oben
9. 2 Felder nach rechts
10. 2 Felder nach unten
11. 3 Felder nach links
12. 1 Feld nach rechts
13. 1 Feld nach rechts
14. 1 Feld nach oben
15. 1 Feld nach links

I	F	C	T
S	N	E	S
U	C	H	K
E	O	H	E

Antwort

Der Lösungssatz heißt:

[I][ ][ ] [ ][ ][ ][ ] [ ][ ][ ] [ ][ ][ ][ ][ ][ ].

Aufgabe 12

Drei Wörter

Die 16 Buchstaben ergeben einen Satz mit drei Wörtern.
Beginne mit dem Buchstaben „W“ links oben.

Gehe so:

1. 3 Felder nach rechts
2. 3 Felder nach unten
3. 3 Felder nach links
4. 2 Felder nach oben
5. 3 Felder nach rechts
6. 1 Feld nach unten
7. 2 Felder nach links
8. 2 Felder nach oben
9. 1 Feld nach rechts
10. 3 Felder nach unten
11. 1 Feld nach links
12. 2 Felder nach oben
13. 1 Feld nach rechts
14. 1 Feld nach unten
15. 2 Felder nach links

W	M	M	I
C	G	E	H
N	I	R	W
S	N	E	R

Antwort

Der Lösungssatz heißt:

W																

.

Aufgabe 13

Grüne Fische und rote Fische

In einem Wasserbecken schwimmen grüne Fische und rote Fische nach links und nach rechts.

a) Wie viele Fische schwimmen in diesem Becken?
b) Wie viele grüne Fische schwimmen nach links?
c) Wie viele rote Fische schwimmen nach links?
d) Wie viele grüne Fische schwimmen nach rechts?
e) Wie viele rote Fische schwimmen nach rechts?
f) Wie viele Fische schwimmen nach links?
g) Wie viele Fische schwimmen nach rechts?

Antwort

a) In diesem Becken schwimmen ___ Fische.
b) Nach links schwimmen ___ grüne Fische.
c) Nach links schwimmen ___ rote Fische.
d) Nach rechts schwimmen ___ grüne Fische.
e) Nach rechts schwimmen ___ rote Fische.
f) Nach links schwimmen ___ Fische.
g) Nach rechts schwimmen ___ Fische.

Aufgabe 14

Blaue Fische und gelbe Fische

In einem Wasserbecken schwimmen blaue Fische und gelbe Fische nach links und nach rechts.

a) Wie viele Fische schwimmen in diesem Becken?
b) Wie viele blaue Fische schwimmen nach links?
c) Wie viele blaue Fische schwimmen nach rechts?
d) Wie viele gelbe Fische schwimmen nach links?
e) Wie viele gelbe Fische schwimmen nach rechts?
f) Wie viele Fische schwimmen nach links?
g) Wie viele Fische schwimmen nach rechts?

Antwort

a) In diesem Becken schwimmen ____ Fische.

b) Nach links schwimmen ____ blaue Fische.

c) Nach rechts schwimmen ____ blaue Fische.

d) Nach links schwimmen ____ gelbe Fische.

e) Nach rechts schwimmen ____ gelbe Fische.

f) Nach links schwimmen ____ Fische.

g) Nach rechts schwimmen ____ Fische.

Viele Ergebnisse

Rechne vom Start bis zum Ziel. Schreibe in die gelben Felder deine Ergebnisse ein.
Am Start steht die Zahl 10. Am Ziel steht die Zahl 10.

Wie oft kommt das Ergebnis 0 vor?

Antwort

Das Ergebnis 0 kommt ______ vor.

Aufgabe 16

Viele Zeichen

Rechne vom Start bis zum Ziel. Schreibe in die blauen Felder die Zahlen, die du addieren oder subtrahieren musst.
Am Start steht die Zahl 10. Am Ziel steht die Zahl 11.

Wie oft rechnest du mit der 0?

Antwort

Mit der 0 wird ______ gerechnet.

Aufgabe 17

Vier Brüder

Jeder der Brüder Boris, Mark, Jens und Udo haben verschieden viel Geld.
Boris besitzt 6 Euro.
Mark besitzt 4 Euro weniger als Boris.
Jens besitzt 5 Euro mehr als Mark.
Udo besitzt 2 Euro weniger als Jens.

a) Wie viele Euro besitzt Mark?
b) Wie viele Euro besitzt Jens?
c) Wie viele Euro besitzt Udo?
d) Wie viele Euro besitzen die vier Brüder zusammen?
e) Wie viele Euro besitzt Jens mehr als Mark?

Antwort

Boris besitzt 6 Euro.

a) Mark besitzt ____ Euro.
b) Jens besitzt ____ Euro.
c) Udo besitzt ____ Euro.
d) Zusammen besitzen die vier Brüder ____ Euro.
e) Jens besitzt ____ Euro mehr als Mark.

Aufgabe 18

Vier Jungen

Kurt, Nils, Martin und Holger erzielen bei einem Spiel zusammen 20 Treffer.
Kurt erzielt 3 Treffer.
Nils erzielt 4 Treffer mehr als Kurt.
Martin erzielt 3 Treffer weniger als Nils.
Holger erzielt die restlichen Treffer.

a) Wie viele Treffer erzielt Nils?
b) Wie viele Treffer erzielt Martin?
c) Wie viele Treffer erzielt Holger?
d) Wie viele Treffer erzielt Holger weniger als Nils?
e) Wie viele Treffer erzielt Holger mehr als Martin?

Antwort

Kurt erzielt 3 Treffer.

a) Nils erzielt ______ Treffer.
b) Martin erzielt ______ Treffer.
c) Holger erzielt ______ Treffer.
d) Holger erzielt ______ Treffer weniger als Nils.
e) Holger erzielt ______ Treffer mehr als Martin.

Aufgabe 19

Acht Buchstaben

Die acht Buchstaben C, E, G, H, L, S, U und W ergeben ein Wort. Die Ergebnisse 1, 2, 3, 4, 5, 6, 7 und 8 ergeben den ersten, zweiten, dritten, vierten, fünften, sechsten, siebten und achten Buchstaben.

Wie heißt das gesuchte Wort?

7	–	5	=		=	C
2	+	3	=		=	L
8	–	7	=	1	=	S
4	+	2	=		=	W
9	–	6	=		=	H
8	–	1	=		=	E
4	+	0	=		=	U
6	+	2	=		=	G

Antwort

Das gesuchte Wort heißt S _ _ _ _ _ _ _ .

Aufgabe 20

Ein Wort

Die acht Buchstaben E, E, H, I, L, N, R und R ergeben ein Wort. Die Ergebnisse 8, 7, 6, 5, 4, 3, 2 und 1 ergeben den ersten, zweiten, dritten, vierten, fünften, sechsten, siebten und achten Buchstaben.

Wie heißt das gesuchte Wort?

3	+	2	=		=	R
6	+	2	=	8	=	L
3	+	4	=		=	E
7	–	6	=		=	N
8	–	5	=		=	R
3	+	3	=		=	H
2	+	0	=		=	I
2	+	2	=		=	E

Antwort

Das gesuchte Wort heißt

L							

.

Zahlenfresser Emil

Zahlenfresser Emil mag nur die Zahl 7.
Alle anderen Zahlen verträgt er nicht.

Welche Zahlen muss Emil jeweils abziehen, um seine Lieblingszahl zu erhalten?

Antwort

Aufgabe 22

Zahlenfresser Paul

Zahlenfresser Paul mag nur die Zahl 17.
Alle anderen Zahlen verträgt er nicht.

Welche Zahlen muss Paul jeweils dazuzählen, um seine Lieblingszahl zu erhalten?

Antwort

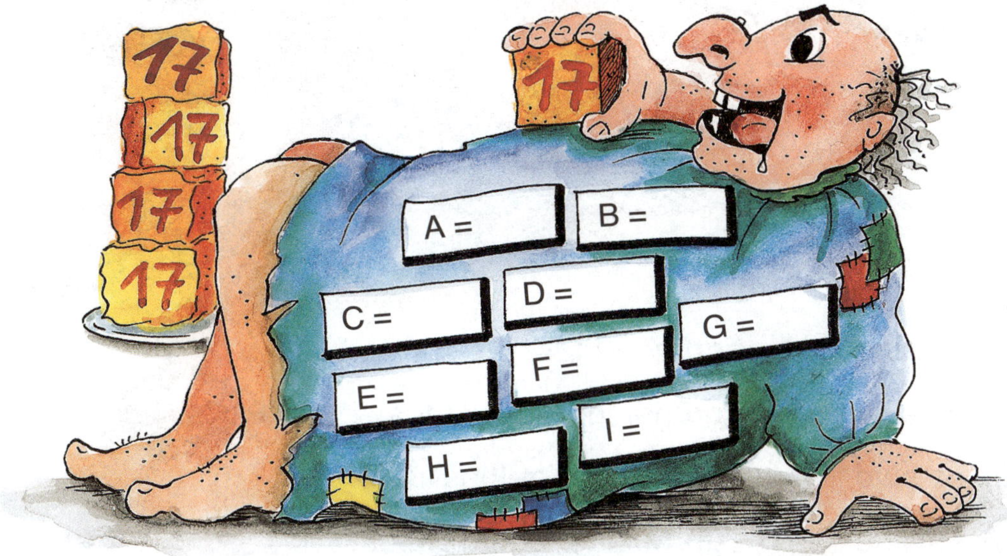

Aufgabe 23

Farbige Autos

Jonas besitzt 20 kleine Autos. Davon sind 7 rot, 4 gelb und 3 blau. Die restlichen Autos sind grün.

a) Wie viele Autos sind grün?
b) Wie viele Autos sind grün oder rot?
c) Wie viele Autos sind grün oder gelb?
d) Wie viele Autos sind grün oder blau?

Antwort

a) Es sind ______ grüne Autos.

b) Es sind ______ grüne oder rote Autos.

c) Es sind ______ grüne oder gelbe Autos.

d) Es sind ______ grüne oder blaue Autos.

Aufgabe 24

Bunte Stifte

Katrin legt ihre Farbstifte auf den Tisch. Von diesen Stiften sind 7 blau, 9 blau oder grün, 11 blau oder gelb und 13 blau oder rot.

a) Wie viele Stifte sind grün?
b) Wie viele Stifte sind gelb?
c) Wie viele Stifte sind rot?
d) Wie viele Farbstifte besitzt Katrin?

Antwort

a) Es sind ____ grüne Stifte.

b) Es sind ____ gelbe Stifte.

c) Es sind ____ rote Stifte.

d) Katrin besitzt ____ Farbstifte.

Aufgabe 25

Kampf um einen Apfel

Zwei grüne Schlangen kämpfen um einen roten Apfel.
Die linke Schlange heißt Rosamunde und die rechte Schlange heißt Rosalinde.

Welche Schlange gewinnt den Apfel?

Antwort

Die Schlange ______ gewinnt den Apfel.

Aufgabe 26

Feuerwehr im Einsatz

Auf dem Reiterhof ist ein Feuer ausgebrochen. Nur einer der Wege A, B oder C führt zum Brand. Die beiden anderen Wege führen zu einem Teich und zu einer Scheune.

Welchen Weg muss die Feuerwehr benutzen?

Antwort

Die Feuerwehr muss den Weg ______ benutzen.

Aufgabe 27

Hausnummern

In der Straße stehen neun Häuser. Auf der linken Straßenseite sind es fünf Einfamilienhäuser mit den Hausnummern 1, 3, 5, 7 und 9. Auf der rechten Straßenseite sind es vier Zweifamilienhäuser mit den Hausnummern 2, 4, 6 und 8. Zwischen zwei Häusern steht jeweils eine Doppelgarage.

a) Wie viele Familien wohnen in dieser Straße?
b) Wie viele Autos finden in den Garagen Platz?

Antwort

a) In dieser Straße wohnen ______ Familien.

b) In diesen Garagen finden ______ Autos Platz.

Aufgabe 28

Hotelzimmer

In dem kleinen Hotel gibt es 6 Einbettzimmer, 3 Zweibettzimmer und 2 Dreibettzimmer. Dort übernachten 6 Freunde.
In keinem vermieteten Zimmer bleibt ein Bett frei.

Welche Möglichkeiten des Übernachtens gibt es für die sechs Freunde?

Antwort

Für die sechs Freunde gibt es sieben verschiedene Möglichkeiten zum Übernachten:

1. Sie mieten ____ Einbettzimmer.
2. Sie mieten ____ Zweibettzimmer.
3. Sie mieten ____ Dreibettzimmer.
4. Sie mieten ____ Einbettzimmer und ____ Zweibettzimmer.
5. Sie mieten ____ Einbettzimmer und ____ Zweibettzimmer.
6. Sie mieten ____ Einbettzimmer und ____ Dreibettzimmer.
7. Sie mieten ____ Einbettzimmer, ____ Zweibettzimmer und ____ Dreibettzimmer.

Geschenke zu Weihnachten

Auf dem Tisch liegen neun verpackte Weihnachtspäckchen.
Unter jedem Geschenk befindet sich ein Buchstabe.
Ordne diese Geschenke der Größe nach.

Welches Lösungswort entsteht, wenn du mit dem größten Päckchen beginnst?

Antwort

Das Lösungswort heißt | L | | | | | | | | |.

Aufgabe 30

Geschenke zu Ostern

Auf dem Tisch liegen neun farbig angemalte Ostereier.
Unter jedem Geschenk befindet sich ein Buchstabe.
Ordne diese Geschenke der Größe nach.

Welches Lösungswort entsteht, wenn du mit dem kleinsten Ei beginnst?

Antwort

Das Lösungswort heißt | O | | | | | | | | |.

Aufgabe 31

Treppauf und treppab

Mark läuft auf einer Treppe 7 Stufen nach oben. Danach rennt er nacheinander 5 Stufen nach unten, 4 Stufen nach oben, 3 Stufen nach unten, 8 Stufen nach oben, 6 Stufen nach unten, 9 Stufen nach oben und zum Schluss 2 Stufen nach unten.

a) Wie viele Stufen ist Mark insgesamt nach oben gelaufen?
b) Wie viele Stufen ist Mark insgesamt nach unten gelaufen?
c) Auf der wievielten Stufe kommt Mark am Schluss an?

Antwort

a) Mark ist insgesamt ______ Stufen nach oben gelaufen.

b) Mark ist insgesamt ______ Stufen nach unten gelaufen.

c) Am Schluss kommt Mark auf der ______ Stufe an.

Aufgabe 32

Vorwärts und rückwärts

Helen läuft im Park 9 Schritte vorwärts. Danach geht sie nacheinander 5 Schritte rückwärts, 4 Schritte vorwärts, 6 Schritte rückwärts, 8 Schritte vorwärts, 3 Schritte rückwärts, 2 Schritte vorwärts und zum Schluss 7 Schritte rückwärts.

a) Wie viele Schritte ist Helen insgesamt vorwärts gelaufen?
b) Wie viele Schritte ist Helen insgesamt rückwärts gelaufen?
c) Wie viele Schritte ist Helen tatsächlich vorwärts gekommen?

Antwort

a) Helen ist insgesamt ____ Schritte vorwärts gelaufen.

b) Helen ist insgesamt ____ Schritte rückwärts gelaufen.

c) Helen ist tatsächlich ____ Schritte vorwärts gekommen.

Aufgabe 33

Quadrat und Rechteck

Fange an Punkt 1 an:
Zeichne von diesem Punkt aus drei Kästchen nach rechts.
Von hier aus drei Kästchen nach unten. Nun drei Kästchen nach links und zum Schluss drei Kästchen nach oben.

Setze an Punkt 2 fort:
Zeichne von diesem Punkt aus zwei Kästchen nach rechts.
Von hier aus vier Kästchen nach unten. Nun zwei Kästchen nach links und zum Schluss vier Kästchen nach oben.

a) Wie heißt die Figur, die du von Punkt 1 aus gezeichnet hast?
b) Wie heißt die Figur, die du von Punkt 2 aus gezeichnet hast?
c) Aus wie vielen kleinen Quadraten besteht die Figur 1?
d) Aus wie vielen kleinen Quadraten besteht die Figur 2?

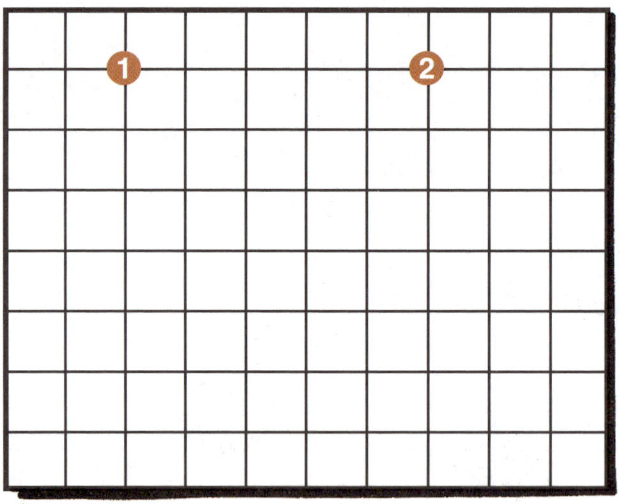

Antwort

a) Die Figur 1 heißt ______ .

b) Die Figur 2 heißt ______ .

c) Figur 1 besteht aus ______ kleinen Quadraten.

d) Figur 2 besteht aus ______ kleinen Quadraten.

Aufgabe 34

Rechteck und Quadrat

Fange an Punkt 1 an:
Zeichne von diesem Punkt aus drei Kästchen nach rechts.
Von hier aus fünf Kästchen nach unten. Nun drei Kästchen nach links und zum Schluss fünf Kästchen nach oben.

Setze an Punkt 2 fort:
Zeichne von diesem Punkt aus zwei Kästchen nach rechts.
Von hier aus zwei Kästchen nach unten. Nun zwei Kästchen nach links und zum Schluss zwei Kästchen nach oben.

a) Wie heißt die Figur, die du von Punkt 1 aus gezeichnet hast?
b) Wie heißt die Figur, die du von Punkt 2 aus gezeichnet hast?
c) Aus wie vielen kleinen Quadraten besteht die Figur 1?
d) Aus wie vielen kleinen Quadraten besteht die Figur 2?

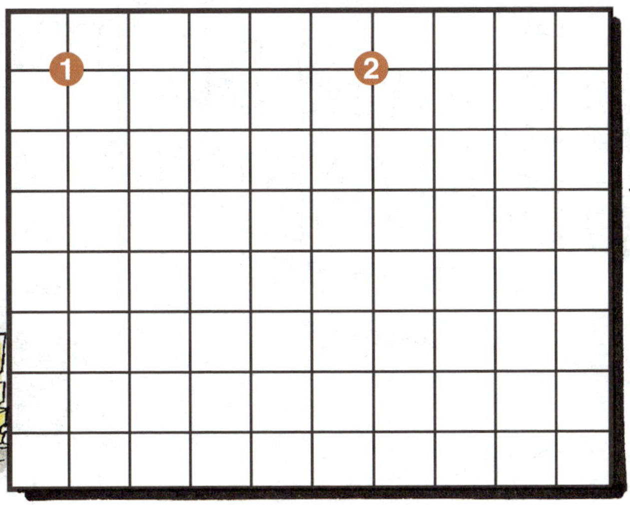

Antwort

a) Die Figur 1 heißt ______ .

b) Die Figur 2 heißt ______ .

c) Figur 1 besteht aus ______ kleinen Quadraten.

d) Figur 2 besteht aus ______ kleinen Quadraten.

Aufgabe 35

Kinder und Erwachsene

Im Haus Nummer 1 wohnen 4 Erwachsene und 5 Kinder.
Im Haus Nummer 3 wohnen 5 Erwachsene und 6 Kinder.
Im Haus Nummer 5 wohnen 7 Erwachsene und 9 Kinder.

a) Wie viele Erwachsene wohnen in diesen drei Häusern?
b) Wie viele Kinder wohnen in diesen drei Häusern?
c) Wie viele Personen wohnen in diesen drei Häusern?
d) Wie viele Kinder mehr als Erwachsene wohnen in diesen drei Häusern?

Antwort

a) In diesen drei Häusern wohnen ______ Erwachsene.

b) In diesen drei Häusern wohnen ______ Kinder.

c) In diesen drei Häusern wohnen ______ Personen.

d) In diesen drei Häusern wohnen ______ Kinder mehr als Erwachsene.

Aufgabe 36

Jungen und Mädchen

Im Haus Nummer 2 wohnen 5 Jungen und 3 Mädchen.
Im Haus Nummer 4 wohnen 4 Jungen und 7 Mädchen.
Im Haus Nummer 6 wohnen 6 Jungen und 8 Mädchen.

a) Wie viele Jungen wohnen in diesen drei Häusern?
b) Wie viele Mädchen wohnen in diesen drei Häusern?
c) Wie viele Kinder wohnen in diesen drei Häusern?
d) Wie viele Jungen weniger als Mädchen wohnen in diesen drei Häusern?

Antwort

a) In diesen drei Häusern wohnen ______ Jungen.
b) In diesen drei Häusern wohnen ______ Mädchen.
c) In diesen drei Häusern wohnen ______ Kinder.
d) In diesen drei Häusern wohnen ______ Jungen weniger als Mädchen.

Aufgabe 37

Rechnen mit Cent

Kerstin will das Brett vollständig mit 1-Cent-Münzen und 2-Cent-Münzen belegen. Zuerst legt sie oben links eine Münze zu 1 Cent. Daneben und darunter legt sie jeweils eine Münze zu 2 Cent. Zwei gleiche Münzen dürfen nicht nebeneinanderliegen.

a) Wie viele 1-Cent-Münzen benötigt Kerstin?
b) Wie viele 2-Cent-Münzen benötigt Kerstin?
c) Wie viel Geld liegt am Schluss auf dem Brett?

Antwort

a) Kerstin benötigt ______ 1-Cent-Münzen.

b) Kerstin benötigt ______ 2-Cent-Münzen.

c) Am Schluss liegen ______ Cent auf dem Brett.

Aufgabe 38

Rechnen mit Euro

Joachim will das Brett vollständig mit 2-Euro-Münzen und 1-Euro-Münzen belegen. Zuerst legt er oben links eine Münze zu 2 Euro. Daneben und darunter legt er jeweils eine Münze zu 1 Euro. Zwei gleiche Münzen dürfen nicht nebeneinanderliegen.

a) Wie viele 2-Euro-Münzen benötigt Joachim?
b) Wie viele 1-Euro-Münzen benötigt Joachim?
c) Wie viel Geld liegt am Schluss auf dem Brett?

Antwort

a) Joachim benötigt ____ 2-Euro-Münzen.

b) Joachim benötigt ____ 1-Euro-Münzen.

c) Am Schluss liegen ____ Euro auf dem Brett.

Aufgabe 39

Jungen spielen Fußball

Gewinnt eine Mannschaft ein Fußballspiel, bekommt sie 3 Punkte.
Verliert eine Mannschaft ein Fußballspiel, bekommt sie keinen Punkt.
Spielen zwei Mannschaften unentschieden, bekommt jede 1 Punkt.

Klasse 1a hat nach 3 Spielen 5 Punkte.
Klasse 1b hat nach 3 Spielen 4 Punkte.
Klasse 1c hat nach 3 Spielen 6 Punkte.

a) Wie viele Spiele hat Klasse 1a gewonnen?
b) Wie viele Spiele hat Klasse 1b unentschieden gespielt?
c) Wie viele Spiele hat Klasse 1c verloren?

Antwort

a) Klasse 1a hat ______ gewonnen.

b) Klasse 1b hat ______ unentschieden gespielt.

c) Klasse 1c hat ______ verloren.

Aufgabe 40

Mädchen spielen Handball

Gewinnt eine Mannschaft ein Handballspiel, bekommt sie 3 Punkte.
Verliert eine Mannschaft ein Handballspiel, bekommt sie keinen Punkt.
Spielen zwei Mannschaften unentschieden, bekommt jede 1 Punkt.

Klasse 1a hat nach 3 Spielen 5 Punkte.
Klasse 1b hat nach 3 Spielen 7 Punkte.
Klasse 1c hat nach 3 Spielen 4 Punkte.

a) Wie viele Spiele hat Klasse 1a unentschieden gespielt?
b) Wie viele Spiele hat Klasse 1b gewonnen?
c) Wie viele Spiele hat Klasse 1c verloren?

Antwort

a) Klasse 1a hat ____ unentschieden gespielt.

b) Klasse 1b hat ____ gewonnen.

c) Klasse 1c hat ____ verloren.

Aufgabe 41

Viele Tiere

Auf diesem Bild siehst du Elefanten, Hunde, Katzen, Mäuse und Schweine.

a) Wie viele Elefanten sind vorhanden?
b) Wie viele Hunde sind vorhanden?
c) Wie viele Katzen sind vorhanden?
d) Wie viele Mäuse sind vorhanden?
e) Wie viele Schweine sind vorhanden?

Kreise den Elefanten ein, der unter einem Hund, über einer Maus, rechts neben einem Schwein und links neben einer Katze ist.

Antwort

a) Es sind Elefanten vorhanden.
b) Es sind Hunde vorhanden.
c) Es sind Katzen vorhanden.
d) Es sind Mäuse vorhanden.
e) Es sind Schweine vorhanden.

Aufgabe 42

Viele Früchte

Auf diesem Bild siehst du Äpfel, Bananen, Birnen, Orangen und Zitronen.

a) Wie viele Äpfel sind vorhanden?
b) Wie viele Bananen sind vorhanden?
c) Wie viele Birnen sind vorhanden?
d) Wie viele Orangen sind vorhanden?
e) Wie viele Zitronen sind vorhanden?

Kreise die Birne ein, die unter einem Apfel, über einer Orange, rechts neben einer Zitrone und links neben einer Banane ist.

Antwort

a) Es sind ______ Äpfel vorhanden.
b) Es sind ______ Bananen vorhanden.
c) Es sind ______ Birnen vorhanden.
d) Es sind ______ Orangen vorhanden.
e) Es sind ______ Zitronen vorhanden.

Aufgabe 43

Farbige Autos

Auf dem großen Parkplatz befinden sich 3 rote Autos, 6 blaue Autos, 9 grüne Autos, 4 gelbe Autos, 8 schwarze Autos und 5 weiße Autos.

a) Wie viele Autos sind blau oder rot?
b) Wie viele Autos sind gelb oder grün?
c) Wie viele Autos sind schwarz oder weiß?
d) Wie viele blaue Autos sind es mehr als gelbe Autos?
e) Wie viele grüne Autos sind es mehr als weiße Autos?
f) Wie viele schwarze Autos sind es mehr als rote Autos?

Antwort

a) ____ Autos sind blau oder rot.
b) ____ Autos sind gelb oder grün.
c) ____ Autos sind schwarz oder weiß.
d) Es sind ____ blaue Autos mehr als gelbe Autos.
e) Es sind ____ grüne Autos mehr als weiße Autos.
f) Es sind ____ schwarze Autos mehr als rote Autos.

Aufgabe 44

Farbige Bälle

In dem großen Netz befinden sich 4 rote Bälle, 7 blaue Bälle, 8 grüne Bälle, 3 gelbe Bälle, 9 schwarze Bälle und 4 weiße Bälle.

a) Wie viele Bälle sind blau oder rot?
b) Wie viele Bälle sind gelb oder grün?
c) Wie viele Bälle sind schwarz oder weiß?
d) Wie viele gelbe Bälle sind es weniger als grüne Bälle?
e) Wie viele rote Bälle sind es weniger als blaue Bälle?
f) Wie viele weiße Bälle sind es weniger als schwarze Bälle?

Antwort

a) ____ Bälle sind blau oder rot.
b) ____ Bälle sind gelb oder grün.
c) ____ Bälle sind schwarz oder weiß.
d) Es sind ____ gelbe Bälle weniger als grüne Bälle.
e) Es sind ____ rote Bälle weniger als blaue Bälle.
f) Es sind ____ weiße Bälle weniger als schwarze Bälle.

Aufgabe 45

Jede würfelt dreimal

Anja, Doris, Hannah und Kerstin würfeln um den Sieg.
Jede von ihnen würfelt dreimal.
Anja erzielt 14 Augen und wird Zweite.
Doris erzielt 11 Augen und wird Vierte.
Hannah erzielt 13 Augen und wird Dritte.
Kerstin erzielt 15 Augen und wird Erste.

a) Wie viele Augen erzielte Anja im dritten Versuch?
b) Wie viele Augen erzielte Doris im dritten Versuch?
c) Wie viele Augen erzielte Hannah im dritten Versuch?
d) Wie viele Augen erzielte Kerstin im dritten Versuch?
e) Wie viele Augen erzielten alle vier Mädchen zusammen im dritten Versuch?

Name	1. Wurf	2. Wurf	3. Wurf	Ergebnis	Platz
Anja	⚄	⚄	?	14	2
Doris	⚂	⚅	?	11	3
Hannah	⚂	⚂	?	10	4
Kerstin	⚅	⚃	?	15	1

Antwort

a) Im dritten Versuch erzielte Anja ______ Augen.
b) Im dritten Versuch erzielte Doris ______ Augen.
c) Im dritten Versuch erzielte Hannah ______ Augen.
d) Im dritten Versuch erzielte Kerstin ______ Augen.
e) Im dritten Versuch erzielten alle vier Mädchen zusammen ______ Augen.

Aufgabe 46

Jeder würfelt viermal

Achim, Erik, Jonas und Leo würfeln um den Sieg.
Jeder von ihnen würfelt viermal.
Achim erzielt 20 Augen und wird Zweiter.
Erik erzielt 16 Augen und wird Dritter.
Jonas erzielt 14 Augen und wird Vierter.
Leo erzielt 21 Augen und wird Erster.

a) Wie viele Augen erzielte Achim im vierten Versuch?
b) Wie viele Augen erzielte Erik im vierten Versuch?
c) Wie viele Augen erzielte Jonas im vierten Versuch?
d) Wie viele Augen erzielte Leo im vierten Versuch?
e) Wie viele Augen erzielten alle vier Jungen zusammen im vierten Versuch?

Name	1. Wurf	2. Wurf	3. Wurf	4. Wurf	Ergebnis	Platz
Achim	⚄	⚄	⚃	?	20	2
Erik	⚂	⚅	⚂	?	16	3
Jonas	⚂	⚂	⚅	?	14	4
Leo	⚅	⚃	⚄	?	21	1

Antwort

a) Im vierten Versuch erzielte Achim ______ Augen.
b) Im vierten Versuch erzielte Erik ______ Augen.
c) Im vierten Versuch erzielte Jonas ______ Augen.
d) Im vierten Versuch erzielte Leo ______ Augen.
e) Im vierten Versuch erzielten alle vier Jungen zusammen ______ Augen.

Falsche Rechnung mit Einern

An der Tafel steht eine Aufgabe mit Einerzahlen, die nicht richtig gelöst wurde.

Wie kannst du mit nur einem Strich erreichen, dass diese Rechnung stimmt?

Antwort

Aufgabe 48

Falsche Rechnung mit Zehnern

An der Tafel steht eine Aufgabe mit Zehnerzahlen, die nicht richtig gelöst wurde.

Wie kannst du mit nur einem Strich erreichen, dass diese Rechnung stimmt?

Antwort

Zahlenwege

Auf dem Bild siehst du die 5 Punkte A, B, C, D und E.
Sie sind miteinander durch Zahlen verbunden.

a) Zu welcher Summe führt der Weg von A nach C über B?
b) Zu welcher Summe führt der Weg von B nach D über C?
c) Zu welcher Summe führt der Weg von C nach E über D?
d) Zu welcher Summe führt der Weg von A nach D über B und C?
e) Zu welcher Summe führt der Weg von A nach E über B, C und D?
f) Zu welcher Summe führt der Weg von A nach A über B, C und D?

Antwort

a) Der Weg ABC führt zum Ergebnis ____ .
b) Der Weg BCD führt zum Ergebnis ____ .
c) Der Weg CDE führt zum Ergebnis ____ .
d) Der Weg ABCD führt zum Ergebnis ____ .
e) Der Weg ABCDE führt zum Ergebnis ____ .
f) Der Weg ABCDA führt zum Ergebnis ____ .

Aufgabe 50

Zahlenstraßen

Vanessa will von A nach Z laufen.
Die Summe der überquerten Zahlen soll stets 20 ergeben.

Welche drei Wege kann Vanessa gehen?

Antwort

1. Weg: ☐ + ☐ + ☐ = 20

2. Weg: ☐ + ☐ + ☐ = 20

3. Weg: ☐ + ☐ + ☐ = 20

Aufgabe 51

Seifenblasen

Manuela macht sehr gern Seifenblasen. Ihr gefällt es, wenn diese so bunt schillern. Aber einige Seifenblasen haben keine Farbe.

Wie viele Seifenblasen sind farblos?

Antwort

____ Seifenblasen sind farblos.

Aufgabe 52

Bilderreihen

Vier Bilder sind in der Reihenfolge

angeordnet.

Suche diese Reihenfolge in dem unteren Bild. Sie kann waagrecht oder senkrecht, vorwärts oder rückwärts vorkommen.

Wie oft kommt diese Reihenfolge in dem Bild vor?

Antwort

Die Reihenfolge kommt ______ vor.

Aufgabe 53

Sichtbare Augen

Auf dem Bild siehst du 24 Würfel, die in 6 Reihen und 4 Spalten angeordnet sind. Von jedem Würfel sind drei Seiten sichtbar.

a) In welcher Reihe sind die meisten Augen sichtbar?
b) In welcher Reihe sind die wenigsten Augen sichtbar?
c) In welcher Spalte sind die meisten Augen sichtbar?
d) In welcher Spalte sind die wenigsten Augen sichtbar?

Antwort

a) Die meisten Augen sind in der ______ Reihe sichtbar.

b) Die wenigsten Augen sind in der ______ Reihe sichtbar.

c) Die meisten Augen sind in der ______ Spalte sichtbar.

d) Die wenigsten Augen sind in der ______ Spalte sichtbar.

Aufgabe 54

Unsichtbare Augen

Jeder Würfel hat auf seinen 6 Seitenflächen insgesamt 21 Augen. Hier sind 8 Würfelmännchen, von denen du immer nur drei ihrer Seitenflächen sehen kannst.

a) Wie viele Augen sind in der ersten Reihe sichtbar?
b) Wie viele Augen sind in der ersten Reihe unsichtbar?
c) Wie viele Augen sind in der zweiten Reihe sichtbar?
d) Wie viele Augen sind in der zweiten Reihe unsichtbar?

Antwort

a) Bei den Würfeln in der 1. Reihe sind ______ Augen sichtbar.

b) Bei den Würfeln in der 1. Reihe sind ______ Augen unsichtbar.

c) Bei den Würfeln in der 2. Reihe sind ______ Augen sichtbar.

d) Bei den Würfeln in der 2. Reihe sind ______ Augen unsichtbar.

Aufgabe 55

Schwieriger Weg

Oma Koch wohnt in dem Haus mit der Nummer 13.

Wie muss ein Briefträger laufen, der ihr die Post bringen will?
Zeichne den Weg ein.

Aufgabe 56

Zehn Werkzeuge

In dem Buchstabenfeld sind 10 Werkzeuge versteckt.
Sie können von links nach rechts oder von oben nach unten gelesen werden.

a) Welche Wörter sind waagrecht zu lesen?
b) Welche Wörter sind senkrecht zu lesen?

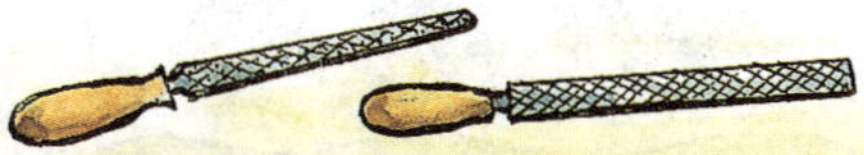

I	A	S	D	P	O	V	I	L	T	Z	A	B	R
M	F	E	I	L	E	N	T	A	R	A	T	N	O
U	R	I	L	P	T	R	A	B	M	N	F	M	L
N	U	M	S	Ä	G	E	M	I	H	G	P	W	N
A	G	N	B	F	M	F	O	R	A	E	I	X	A
D	A	R	A	S	P	E	L	W	M	A	N	Y	G
E	M	S	T	A	R	M	T	O	M	C	S	Z	E
L	N	T	B	O	H	R	E	R	E	H	E	I	L
M	O	V	U	T	W	Z	R	A	R	T	L	E	G
I	P	W	R	M	H	O	B	E	L	S	N	L	M

Antwort

a) Waagrecht sind folgende Wörter versteckt:

b) Senkrecht sind folgende Wörter versteckt:

Aufgabe 57

Sonnen

Von diesen 12 Sonnen sind genau 2 gleich.

a) Welche Nummern haben die gleichen Sonnen?
b) Wie viele Blumen sind in der Randleiste zu sehen?
c) Wie viele verschiedene Blumenarten sind in der Randleiste?

Antwort

a) Die Sonnen mit den Nummern ______ sind gleich.

b) In der Randleiste sind ______ Blumen zu sehen.

c) ______ verschiedene Blumenarten sind in der Randleiste.

Aufgabe 58

Blumen

Von diesen 20 Blumen sind genau 3 gleich.

a) Welche Nummern haben die gleichen Blumen?
b) Wie viele Gegenstände sind in der Randleiste zu sehen?
c) Wie viele verschiedene Gegenstände sind in der Randleiste?

Antwort

a) Die Blumen mit den Nummern ________ sind gleich.
b) In der Randleiste sind ________ Gegenstände zu sehen.
c) ________ verschiedene Gegenstände sind in der Randleiste.

Aufgabe 59

Drachen steigen lassen

Verena, Sabine und Anke lassen ihre Drachen steigen.
Ein Drachen ist gelb, einer grün und einer rot. Jeder Drachen hat unterschiedlich viele Schleifen an seinem Schwanz.

1. Der rote Drachen ist zwischen den beiden anderen Drachen.
2. Der grüne Drachen fliegt nicht rechts vom roten Drachen.
3. Am gelben Drachen hängen fünf Schleifen.
4. Der Drachen mit den acht Schleifen ist nicht in der Mitte.
5. An allen Drachen sind zusammen 20 Schleifen.
6. Jedem Mädchen gehört ein Drachen.
7. Der Drachen von Sabine fliegt nicht neben dem Drachen von Anke.
8. Der Drachen von Anke hat die wenigsten Schleifen.

a) Welche Farbe und wie viele Schleifen hat der Drachen von Anke?
b) Welche Farbe und wie viele Schleifen hat der Drachen von Sabine?
c) Welche Farbe und wie viele Schleifen hat der Drachen von Verena?

Antwort

a) Der Drachen von Anke ist ______ und hat ______ Schleifen.

b) Der Drachen von Sabine ist ______ und hat ______ Schleifen

c) Der Drachen von Verena ist ______ und hat ______ Schleifen.